U0597355

刘兴诗
爷爷

改变历史的中国近现代科技

地质 水利 生命科学

刘兴诗 著　野作插画 绘

人民邮电出版社

北京

目录

改变历史
的
中国近现代科技

地质·环境

问神州大地，有几多矿床深深埋藏？

老君庙（指玉门油田）、攀枝花（指攀枝花铁矿区）、一滴石油、一块铁，

说不尽的艰辛岁月，道不完的忠诚爱国之心，

唤醒了地下宝藏，书写出如歌如泣诗篇。

问悠悠岁月，可曾留下原始人的脚步，

透露出寒热冷暖篇章？花开花落、潮退潮涨，

燕飞去、雁飞来，点点滴滴气候消息，

留待智者不懈寻访。

"北京人"的来龙去脉

藏在山洞里的"人脑袋"

改变历史的中国近现代科技 地质 水利 生命科学

1929年12月2日，北京周口店的一个洞穴里，传出一个震惊世界的消息：当时的青年古人类学家裴文中挖掘出一个完整的"人脑袋"。

啊？"人脑袋"！是不是发生了凶杀案？赶快报警呀！

不，这不是凶杀事件。那个"人脑袋"也不是有皮有肉的人头，而是一个头盖骨。

谁的头盖骨？是"骷髅怪"的吗？还是哪朝哪代的"白骨精"的？

不，这个头盖骨不是唐、宋、元、明、清时期的，也不是秦始皇、汉武帝和什么"春秋五霸""战国七雄"时期的，甚至比传说中的黄帝、炎帝，以及尧、舜时期都早得多。它也不是什么松脆的白骨，它已经完全变成了坚硬的化石。

哎呀呀，原来是化石呀！

仔细看这个"人脑袋"。额骨很低，脑容量一定不大，比不上现代人的。

眉骨十分突出，活像扣在眼眶上面的鸭舌帽的帽檐。如果遇着下雨，水珠儿准会顺着这个"帽檐"往下滴，好像在眼珠前面形成的水帘。

这个怪里怪气的"人脑袋"，和现代人的很不一样。裴文中研究后宣布，这是一个四五十万年前的早期人类的头盖骨。在发现头盖骨之前的 1927 年，人们已在此地发现了早期人类牙齿的化石，并将这种早期人类取名为"北京猿人"，又叫"中国猿人"，简称"北京人"。

请注意，这个"北京人"可不是现在北京大街上到处溜达的北京人。派出所里没有登记他的户口，他的辈分可高呢。人们想不到，北京的房山区，竟有早期人类居住。最早的"北京人"竟是半猿半人的原始人。

"北京人"的发现惊动了世界，弥补了从猿到人的进化中失掉的一环，证明了"猿人阶段"的存在，证实了达尔文的进化论。这是人类的"童年"的标本。不消说，这个头盖骨重要极了。

"北京人"的头盖骨在哪儿？我们要是能看看该有多好呀！

这么重要的"北京人"头盖骨被发现后，得找一个安全的地方保存才好。

当时的北平（北京当时的称呼），最安全的地方之一是王府井旁边的协和医院。于是人们把它放进协和医院的保险箱里，认为那里是最保险的角落。但不幸的是，它在战火里遗失了。

> 周口店是早期人类生活的摇篮，不仅出土了古老的"北京人"，还出土了生活在旧石器时代晚期的山顶洞人。取得这些成绩之后，裴文中、贾兰坡和其他科学家在这里继续发掘，又发现了许多早期人类化石，以及用火的遗迹等。

"管天"又"管地"的竺可桢

中国近代气象事业的主要奠基人

天气变化总是有规律的吗？几天晴，几天雨，阴阴晴晴、风风雨雨。

气候变化总是有规律的吗？几百年偏冷，几百年偏热，冷冷热热相互交替。

秦始皇时期的气候如何？唐太宗、宋太祖时期的气候又如何？孔夫子会不会冷得直哆嗦？苏东坡是不是热得摇扇子？历朝历代的气候，有谁能够说得清？

请你去问气象学家竺可桢吧，他能说得清清楚楚。

真的吗？古代没有正规且专门的气象台，没有留下多少关于气温、雨量等各种各样的气象资料，生活在近代的竺可桢，怎么有办法说清楚？

当然有办法！要不，他就不算是大名鼎鼎的气象学家了。

竺可桢有什么高招儿，能知道秦始皇时期的气候？难道秦始皇在兵马俑的方阵里，留下了一份秘密报告吗？要不，就是有一条神秘的热线，一头接着秦始皇的寝宫，另一头连通竺可桢的办公室。

哈哈哈！笑死人啦，竟然说竺可桢和秦始皇有热线联系！这只能作为相声的素材。

竺可桢真的有办法！

虽然古代没有留下多少气象资料，但是留下了大量别的记录，比如，什么年份提早开花、什么朝代延迟收麦子，何时燕飞来、水结冰，这些事情没有一件不和气候相关。竺可桢整理了大量资料，把古代的气候变化研究得越来越清楚，于是他写出了一篇著名的论文《中国近五千年来气候变迁的初步研究》。

不，这不仅仅是一篇学术论文，竺可桢还把五花八门的古代记载和气候学结合在一起，研究起了物候学。

竺可桢仅仅研究了物候学吗？才不是呢！早在 20 世纪二三十年代，他就倡导建立了一系列气象台和雨量观测站，建立了中国自己的气象观测网。竺可桢一生对中国气候有非常深入的研究，是有名的"管天人"。

不，竺可桢"管天"也"管地"。他是中国近代地理学的奠基人之一，除了研究传统的地理科学，还提出"改造沙漠""向沙漠进军"的倡议，首先倡导设置一批治沙综合试验站，既"管天"也"管地"。

竺可桢通过分析大量资料，系统总结了五千年来中国气候变迁的基本规律——四个温暖期和四个寒冷期。

改变历史 的 中国近现代科技　地质　水利　生命科学

第一个温暖期从公元前 3000 年到公元前 1100 年，从仰韶文化时期到殷商时期。据甲骨文记载，当时安阳人种水稻是阳历三月下种，比现在早一个多月。

　　第一个寒冷期从公元前 1100 年到公元前 850 年，叫作西周寒冷期。据古书《竹书纪年》记载，周孝王时期长江的支流汉水就出现了冻结的情况，这说明当时的气候比现在寒冷。

　　第二个温暖期从公元前 770 年到公元初年，从东周到西汉时期。《左传》中有山东鲁国过冬，冰房得不到冰等记载。据《荀子·富国篇》和《孟子·告子上》记载，齐鲁地区农业种植可以一年两熟。

　　第二个寒冷期从公元初年到公元 600 年，从东汉到南北朝时期。这个寒冷期在公元 4 世纪前半期达到顶点。

　　第三个温暖期从公元 600 年到公元 1000 年，即隋唐和北宋前期，其间公元 650 年、669 年、678 年的冬季，长安无雪无冰，气候十分温暖。

　　第三个寒冷期从公元 1000 年到公元 1200 年，从北宋到南宋。公元 1111 年太湖全部结冰，冰上可以通车。1110 年、1178 年，福州荔枝两度被全部冻死。

第四个温暖期从公元 1200 年到公元 1300 年，包括宋朝末年和元代。1224 年，道士丘处机在北京长春宫写的《春游》诗中说："清明时节杏花开，万户千门日往来。"该诗句表明当时北京的气候与现在相似。

第四个寒冷期从公元 1300 年到公元 1900 年，为明清时期。1329 年太湖结冰厚达好几尺（1 尺 ≈ 33.3 厘米），橘子统统被冻死。

竺可桢（1890—1974），著名科学家、教育家，中国近代地理学和气象事业的主要奠基人。他不仅参与建立了中国最早的一批气象台，组织建立了物候观测网，还对东亚天气类型、中国季风气候、中国气候区划，以及台风分类、天气预报、气候和农业生产的关系等，都有非常深入的研究。

竺可桢还曾经长期担任浙江大学校长，提出"求是"的校训，培育了大批有用人才。

李四光的三大贡献

第四纪冰川遗迹、地质力学、沉积盆地生油

1920 年，一个青年学者从海外归来，满怀激情投进祖国母亲的怀抱。

他是谁？

他就是后来的著名地质学家李四光。这是他第二次回国。第一次从日本回国时，他还是 21 岁的青年。这一次从英国学成回国，他已经 30 岁出头了，学识更加渊博，经验更加丰富，他一心一意要把自己的学问贡献给祖国。

他一生曾经三次归国，为祖国和人民做了不少事，其中，对地质科学最突出的贡献有三大项。

李四光的第一大贡献与我国第四纪冰川遗迹有关。他曾经长期担任地质部部长，统一筹划布置，带领地质队员风餐露宿，不避艰险，进行地质勘探工作，取得辉煌成绩，这就不用多说了。

中国东部到底有没有第四纪冰川分布，以及分布范围到底有多么广泛，学术界一直有很大的争议。

最早一些外国科学家认为中国东部没有第四纪冰川活动。1921 年，李四光在华北一些地方首先发现第四纪冰川遗迹。1930 年，在广州中山大学任教的德国地质学家克雷德纳教授和随行的中国青年教师林超，共同在云南大理点苍山也发现了第四纪冰川遗迹。1937 年，李四光完成了著名论文《冰期之庐山》初稿，划分出鄱阳、大姑、庐山三个冰期。同年，维斯曼

教授根据克雷德纳的发现，将点苍山的冰川活动时期命名为"大理冰期"。他们共同搭建起中国的第四纪冰期系列的基本框架，功不可没。

　　之后的一些人，采取过于扩大化的方式，宣布在各地"发现"了第四纪冰川遗迹。这种冰川遗迹甚至扩大到纬度和海拔都很低的广东、广西、海南，以及成都平原、江汉平原和四川盆地等地方。一些人判定第四纪冰川遗迹的标准比较片面，例如只把冰川堆积物大小混杂、带有擦痕等作为判定标准。于是，只要瞧见巨大的石块和泥土乱七八糟地堆积在一起，他们就认为这是第四纪冰川特有的"泥砾"；或者只要发现岩石表面有一两条擦痕，就认为这是第四纪冰川遗迹。殊不知在复杂的自然界里，包括泥石流、滑坡在内的许多地质现象都可以产生类似的结果。大小混杂的堆积物、有擦痕的岩石，不一定都是冰川活动的结果。错误的鉴定结果不单引发了学术讨论，还直接影响到国民经济建设的规划，甚至给人民的生命财产带来损失。

改变历史 的 中国近现代科技　地质　水利　生命科学

这样的"泛第四纪冰川论"带来的不良影响，使得许多地质学家、地理学家、古气候学家、古生物学家等，特别是一些资深的从事现代冰川研究的科学家，从自身的经验出发，纷纷对包括庐山在内的许多地点是否存在真正的第四纪冰川活动提出质疑。庐山是不是真有第四纪冰川，这是一个问题。

有关中国东部第四纪冰川遗迹的问题还会被热烈地争论下去，所以我们千万不要用一种固化的眼光看待问题。

除了之前提到的，李四光的贡献还有创立了地质力学。他根据泥浆实验，模拟地质构造运动，将中国大地划分为许多构造带，以及"多"字型、"歹"字型、"山"字型、"井"字型等扭动的构造型式。他的地质力学观点、黄汲清的中国大地构造单元划分、陈国达的地洼学说等，都对后来的中国地质研究工作有很重要的指导作用。

李四光的第三大贡献与石油有关。从前一些人认为石油生成在浅海环

境里，是海相地层里的产物。作为大陆国家的中国，以陆相地层为主，所以他们认为中国是"贫油国"。李四光和黄汲清等许多中国地质学家从中国的实际出发，认为只要有沉积盆地，就可能生成石油，为什么非要在海洋环境中不可？其中一些地质学家先后纷纷提出"陆相生油"学说，为寻找石油指明了新方向。有的地质学家还亲自深入第一线，做了大量工作，发现了一个个大油田。

李四光和许多地质学家一起，为祖国地质事业作出很大的贡献。我们不能忘记他们，一个也不能轻易忘记。

李四光（1889—1971），著名地质学家、教育家和社会活动家，15岁就被选派到日本留学。21岁的时候，他从日本学成回国。后来他又到英国留学，专门学习地质学。第二次回国后，李四光在北京大学教学。后来，他又在全国各地进行地质考察。1950年，他第三次回国，积极地参加祖国的建设工作。

"攀钢之父" 常隆庆

热带风下的攀枝花，铁矿石令世界惊讶

四川攀枝花金沙江畔的密地桥边，一个广场上竖立着一座用"中国红"花岗石雕刻的塑像。

这是一个中年人。他戴着20世纪中叶流行的宽边礼帽，身背沉重的地质包，胸前挂着一部老式照相机，鼻梁上架着一副眼镜，双目炯炯有神地注视着远方；左手随意搭着一件似乎刚刚脱下的衣服，右腿微微向前弯曲，好像正在山路上行走。整座塑像高高伫立在这里，仿佛连同时间一起凝固了。塑像的前面是起伏的群山，后面是已经开采了几十年的攀枝花兰尖铁矿阶梯式采场。塑像姿态十分静穆，不由使人肃然起敬。

哦，这是一位老地质学家呀！

他是谁？为什么站立在这个地方？

也许许多人都没有听说过他的名字，可是当地没有一个人不尊敬他。要不，为什么在这儿专门给他竖立一座庄重的塑像呢？

17

他叫常隆庆，20世纪三四十年代，曾经好几次深入这里的山中调查踏勘，探明了储量巨大的攀枝花钒钛磁铁矿。

有了他，这里才发现了钒钛磁铁矿。

钒钛磁铁矿和一般的铁矿不一样，除了铁，还伴生着稀有的钒和钛，此外还含有铬、钴、镍等，是不可多得的珍稀矿床，综合利用价值很高，可以制造许多特殊钢材。攀枝花地区发现了这样的矿床，许多国家都羡慕得要命。

提炼钒钛磁铁矿很不容易。在这里建立的"攀钢"，技术非常先进，外国冶金专家称赞不已。

攀枝花这个地方原来根本没有市镇，钒钛磁铁矿被发现后，才一天天发展起来。因为这里位于金沙江边，从前是一个渡口，所以人们干脆将这里命名为渡口市。后来由于这里生长着一棵巨大的攀枝花树，又改名为攀枝花市。

有了储量巨大的钒钛磁铁矿，中国西部这个重要的钢铁基地才能获得世界著名的"钒钛之都"的美誉。

静静从这儿流过的金沙江可以作证，沉默的群山可以作证，头顶的苍天、脚下的土地也可以作证，常隆庆打开了一座宝库，是当之无愧的"攀钢之父"。

常隆庆发现这个大铁矿很不容易呀！那时候，这里非常闭塞，自然环境也非常恶劣，传说诸葛亮南征孟获时就在这里遭遇了瘴气，加上毒蛇猛兽到处出没，谁也不敢轻易踏进这个偏僻的角落。

那时候，这里有路可通吗？

哦，有什么路呀？那时候哪儿像今天，有宽阔的京昆高速公路和成昆铁路经过。在那段岁月里，有的只是野兽才知道的秘密山路。它们在悬崖陡壁和湍急的江流中间穿过，极其危险。要在乱山中找矿，连小路也没有，只能披荆斩棘，攀登危崖，用两只脚走出一条自己的路。

常隆庆义不容辞地冒险进入这一带找矿，不知遇到了多少危险，好几次差点儿送命，最后终于发现了世界著名的攀枝花钒钛磁铁矿和宝鼎煤矿。有了铁和煤，人们以后就可以在这里建立钢铁生产基地了。

知道这个情况，我们就明白了，为什么常隆庆的塑像一手搭着脱下的衣服，右腿微微弯曲，仿佛正在登高。山野无限广阔，那么可亲可爱。一个热爱祖国和地质事业的地质学家，毫无畏惧地走来，表情那么平静、坚定。此时此刻，你面对这样的开拓者，能不从心里产生敬意和谢意吗？

小知识

攀枝花就是木棉，又叫红棉、英雄树，是广州市和攀枝花市的市花。这是一种落叶大乔木，树干高大挺直，伞形的树冠很特别，春天开满红艳艳的花朵，远望好像被火烧着了，非常美丽。

广州市属于亚热带季风气候，有攀枝花很正常，可为什么位于西南地区的攀枝花市也有这么多的攀枝花？因为这里属于横断山脉地区，一条条南北向的河谷正好是从南方海洋吹来的风的通道。温暖潮湿的海风，给这里增添了一些亚热带的元素，所以这里生长了攀枝花和其他许多亚热带植物。

飞来峰的神话和现实

一只看不见的"巨手"，推送来一座座山头

　　杭州西湖边的灵隐寺前，有一座著名的飞来峰。传说在东晋咸和年间（公元 326—334 年），一个从印度来的高僧来到这里，看后十分惊奇地说："啊呀，这是天竺国灵鹫山里的小岭，怎么飞到这儿来了？"

　　人们仔细一看，这座小山周身布满大大小小的洞窟，长得奇形怪状的，好像江南园林里的一块玲珑剔透的太湖石，果然和周围的群山不一样。如果它不是飞来的，简直不好解释。从此以后，飞来峰的名气就越来越大了，成为西湖边的一处很有名气的景点。后人在这里造了许多佛像，许多文人雅士在这里留下了诗词文章。

　　灵隐寺前的飞来峰，真的是从印度飞来的吗？

　　当然不是。如果山也能长翅膀在天上飞来飞去，岂不是成了《哈利·波特》书里那样的魔法世界中的场景了？

　　这儿原本有一片石灰岩丘陵，周围有一片砂岩山丘。石灰岩岩层较松软，经过长期侵蚀风化，石灰岩丘陵被剥蚀得只留下一座小山。它和周围的砂岩山丘相比较，似乎格格不入，当然就会被不懂科学的人当成是飞来的了。

　　请问，你是信古代外国高僧的话，还是相信科学家的话？

　　只要头脑清醒的人，都不会信那个印度高僧的话。这座所谓的"飞来峰"，是不折不扣的"冒牌货"。

　　无独有偶，浙江绍兴的宝林山、山东莒县的浮来山，也有飞来峰的传说。

信不信由你，世界上真有一些山会"飞"呢！成都平原西面的彭州、什邡一带的山中，就有一座座真正的飞来峰。每一座都是一个巨大的山头，密密麻麻散布了一大片。

为什么叫这个名字？

因为它们的确是从别处"飞"来的。

这些山没有翅膀，当然不能"飞"，而是被一股特别巨大的力量，从西边的大山里推送到这儿来的，再现了"移山倒海"成语中"移山"的画面。

什么力量可以推送一个个沉重的山头？

这是板块挤压的结果。

原来，遥远的印度板块不断向北漂移，挤向与欧亚板块交界处的青藏高原，挤皱喜马拉雅山脉，把青藏高原挤得高高隆起。可是它的运动并没有就此停止，还在不停地向北方挤压。青藏高原被挤得没有退路，只能再挤向东边的扬子板块。

在青藏高原和扬子板块的交界处，有一条巨大的断裂带，正好在成都平原西面的龙门山脉上。扬子板块在这里紧紧顶住它，不肯后退一步。青藏高原却继续向东挤压，把岩层挤得非常破碎。一些破碎且古老的巨大岩块被推动着，顺着断层面，缓缓移向东面的扬子板块，盖压在比较新的岩层上，形成老岩层压在新岩层上面的层位倒转现象。盖压在上面的山头是从外地被推送过来的，所以就叫作飞来峰。在彭州、什邡一带，这样的飞来峰遍地都是，一点儿也不稀奇。

不消说，这才是真正的飞来峰。

20 世纪 20 年代末，我国地质学家在成都西边龙门山前的彭州一带发现的这些飞来峰，具有重要的科学研究意义。走遍全世界，较少有这样大片分布的飞来峰。难怪有的人要把这里叫作"飞来峰之乡"，许多外国地质学家不远万里赶来参观，竖起大拇指称赞不已。

　　飞来峰是一个地质学术语，意思是"外来岩块"，这种岩块最早于19世纪80年代在欧洲的阿尔卑斯山被发现。

泥石流发现记

山谷里轰隆隆，突然冲出一条"龙"

 泥石流发现记

　　泥石流是山区常见的自然灾害，还需要"发现"吗？提起"泥石流发现记"，要从一件真实的事情说起。

　　1953年，西藏波密的古乡沟发生了一次特大灾害。一股稠密的泥浆挟带着无数大大小小的石块，从山沟里猛冲出来，一下子就堵塞了河道，形成一个堰塞湖。进出西藏的交通大动脉川藏公路，也被淹没了好几千米。

　　这是怎么一回事？当地报告："这是冰川暴发。"

　　为什么说是"冰川暴发"？因为古乡沟的源头是冰川，人们瞧见这一大股乱七八糟的东西冲出来，自然认为是"冰川暴发"引起的。

　　当地人都知道，古乡沟经常发生这种现象。它过去不被人注意，现在阻断了川藏公路，一下子引起了人们的关注。1963年，地理学家施雅风到拉萨考察时，也顺便去了古乡沟。不看不知道，一看吓一跳。施雅风到那儿一看，才发现问题的严重性，想不到那里每年要发生许多次同样的灾害，是川藏公路波密段有名的"肠梗

小知识

　　许多地方的人们都知道泥石流，给它取了各种各样的名字。华北和东北山区的人们把它叫作"龙扒""水泡""水鼓""石洪"，黄土高原山区的人们把它叫作"流泥""流石""山洪急流"，川滇山区的人们把它叫作"走龙""走蛟""打地炮"，西藏高原山区的人们把它叫作"冰川暴发"。

23

阻"地带。

随后，施雅风派青年科学家杜榕桓担任队长，带领一支考察队前往现场进行详细考察，同时特邀上海科学教育电影制片厂拍摄了一部科教纪录片。

杜榕桓冒着危险，亲身经历了一次次"冰川暴发"的场面。他经过仔细观察研究，最后断定这不是什么冰川活动，而是一种全新的地质灾害。根据它的活动特点，杜榕桓把它叫作泥石流。上海科学教育电影制片厂拍摄的这部科教纪录片，干脆也叫《泥石流》。遗憾的是，当杜榕桓带着这部纪录片到北京，征求主张第四纪冰川遗迹学说的主要学者的意见时，竟然没有被认可。杜榕桓没有气馁，后来他扎根在经常发生泥石流的地方，经过长期观察，研究同样的现象，终于摸清了泥石流发生和发展的规律，和有关工程人员一起，提出许多防治泥石流的措施。现在人人都知道泥石流的危害，不再把它和第四纪冰川遗迹生硬地挂钩了。试问，如果不能清醒地认识到泥石流的危害，知道这是山区经常发生的一种可怕的灾害，而是学究式地将它看成几万年前，甚至几十万年前的第四纪冰川遗迹引发的"冰川暴发"，放松应有的警惕，将会造成什么后果？

泥石流是山区常见的地质灾害，生成的条件一般有三个：一是陡峭的谷坡和沟床，二是大量松散泥、沙、砾石等的堆积，三是突发性的水流。根据黏稠度，泥石流可以分为黏性泥石流、稀性泥石流和过渡性泥石流等。泥石流的速度很快，推土机似的冲带着大量物质迅速前进，前缘往往高高耸起，形成特殊的"龙头"，能够冲毁一切障碍物，甚至把沟床也切蚀挖

深很多，破坏力特别大。1953年古乡沟的那次特大泥石流，冲带出1100万立方米的泥浆和石块，前面的"龙头"高度超过了40米，比10层的楼房还高。

1966年10月，英国威尔士的一个矿区，人们像平时一样，过着平静的生活，忽然发生了一场可怕的泥石流。汹涌的泥石流沿着山谷冲泻出来，使毫无准备的人们无处奔逃。许多房屋被冲毁了，一些矿工和他们的家属成为牺牲者，还没有弄清楚是怎么一回事就丢了性命。这次灾害造成了重大的损失。

这儿环境幽静，树木茂密，几乎从来没有发生过天灾，怎么突然祸从天降，发生一场这么重大的灾难呢？事后调查原因发现，这竟是矿工们自己造成的。他们采矿的时候，把许多矿渣和无用的土石废料漫不经心地倾倒在山坡上，于是这里逐渐形成一个特殊的垃圾堆。从前山坡上绿草如茵，不管下多大的雨也不会暴发泥石流。可是现在斜坡上堆积了这么一大堆厚厚的工业垃圾，经过雨水冲刷，就很容易发生泥石流了。可怜的遇难矿工们做梦也没有想到，自己亲手制造了一场垃圾堆泥石流，白白搭上了自己的性命。

海城地震前夕的报告

"小震闹，大震到"，这话错不了

1975年2月4日19时36分，辽宁海城、营口一带发生了7.3级强烈地震。这里是城镇和大型工厂密集、人口非常稠密的地区。地震发生时正好是人们在家吃晚饭的时间。一般而言，突然发生这么强烈的地震，必定会带来巨大损失。

不，人们早就离开屋子了，唱了一出空城计，人员伤亡大为减轻。

咦，这是怎么一回事？

原来震前，相关部门及时发出了预报，很多人都按照计划安全撤离了。这是我国地震科学工作者进行的一次成功的预报。

这次地震预报是怎么成功的？是不是仅仅拿临震前的一些现象作为依据？

不，这是长期坚持大范围监测的结果。

从大连到沈阳、海城、营口，许多地方都有地震观测台。另外，许多群众性的业余地震测报站，时时刻刻都在严密监视着地下的动静。

改变历史的中国近现代科技 地质 水利 生命科学

1974 年，地震监测系统首先发现了异常现象。辽东半岛的南端有一条横切过当地的活动性断裂。这条断裂的短水准测量数据出现异常。这条从渤海湾伸展过来的断裂，会在最近发生活动吗？同时，大连的地磁测量数据也有不同寻常的升降变化，说明地下深处有问题。

渤海北部的六个潮汐观测站接着报告：1973 年底，渤海海平面明显上升，最大变化达十几厘米。到底是什么原因，使渤海变得这样不安宁呢？

辽宁省内的各个地震台继续报告：1974 年上半年，小地震明显增多。其他许多地方也发生了一系列中、小地震。俗话说"小震闹，大震到"，看来这儿要出大问题了。

到了 1974 年 11 月，辽宁全省陆续出现了许多起异常现象。其中，许多井水、泉水的水位反常升降，水发浑，翻花冒泡。一些人还看到了地气、地光，发现了地动、地温变化异常等现象。

1974 年 12 月，整个辽东半岛已经是天寒地冻的隆冬季节，气温下降到 -10~-20℃，到处铺满了冰雪。几个放学回家的小学生忽然看见几条蛇在雪地里不停地挣扎。他们感到很奇怪，蛇不躲在地下冬眠，跑出来干什么？

会不会是地下出了什么事？他们连忙把这件怪事报告给学校的业余测震小组。

家禽也不安分了。许多饲养场里的鸡、鸭、鹅乱飞乱叫。1975 年 1 月 25 日下午，一群鹅竟鼓起翅膀惊慌地飞了起来。这样的例子太多了，一下子说也说不完。

地震科学工作者十分关注这些来自基层的报告，把所有经过查实的异常现象都标在地图上。他们发现了东起丹东、西止锦州，北自铁岭、南到大连的异常地带的中部就是海城、营口地区，由此确定了未来地震的震中位置。

临震的前几天，在震中地区，各种异常活动达到高潮。

参照地震台记录下来的大量前震和其他科学资料，以及频度和震级不断增大的现象，地震科学工作者迅速发出了紧急警报：一场大震即将在北纬 40°38′ 至 40°42′、东经 120°44′ 至 122°51′ 的范围内发生，立即紧急疏散。

一场猛烈的地震最终发生了。这时候绝大部分群众已经撤到安全地带，"地下恶魔"没法伤害他们了。

现在回过头来探讨一个问题：地震可以预报吗？

这很难很难。

天气预报还好办。明天天气好不好，可以抬头看天看云，低头看气象台的各种各样的观测资料，进行比较准确的判断。

地震预报就不一样了。发生在地壳深处的地震，看不见、摸不着，人们不可能像《封神演义》里的土行孙一样，钻进地球的"肚皮"里去打探情况。

常言道，天有不测风云。现实生活里的人不可能像小说里的诸葛亮一

改变历史 的 中国近现代科技 地质 水利 生命科学

样神机妙算。仔细想一想，其实有时候天气预报也会出岔子，把下雨错报为晴天。被淋成落汤鸡的人会气鼓鼓地发牢骚，埋怨天气预报不准确，却忘记了绝大多数的预报实际上很准确，偶尔一次失误，怎么能够埋怨呢？

地震预报比天气预报困难得多，是世界性的难题。有时震前没有及时发出预报，造成的人员伤亡、财产损失，当然比被一场雨淋成落汤鸡严重得多。

不过话说回来，虽然地震预报很困难，但也不是完全不能事先捕捉一些蛛丝马迹，从而发出必要的警告。我们的地震科学工作者也预报成功过很多次，海城地震预报就是最好的例子。

地震预报分为长期、中期、短期和临震预报等。

地震会使动物行动异常。但是这种情况很复杂，有的是动物本身的生理现象，必须结合其他科学观测才能下结论。所以，千万别看到鸡飞狗跳，自己就吓得大喊大叫。

给珠穆朗玛峰量身高

试问"世界第三极"，拔地而起有多高

珠穆朗玛峰，世界的巅峰。

珠穆朗玛峰，笔直耸入天。

它，像一个银盔银甲的武士，头顶着九重天，俯瞰着脚下的大地，紧紧闭唇，沉默无语，多么高傲，多么威严。

啊，珠穆朗玛峰，我问你，你到底有多高？是否可以用尺子丈量？

冰雪皑皑的珠穆朗玛峰不说话，只是默默闪烁着银光。这充满神秘的形象，使人无限迷惑、无限怅惘。

如果陆游来，会说"五千仞岳上摩天"。

如果李白来，会说"连峰去天不盈尺"，没准儿再加上"噫吁嚱，危乎高哉！珠峰之难，难于上青天"的感叹。

不过，诗人的一切揣度和想象，都不能正面揭开珠穆朗玛峰身高的谜底。

千年万年，谁能解开这个谜，猜透这个"巨人"的心思？

30

噢，我懂了。这座高山似乎在说："来吧，谁想知道我身高的秘密，就得自己爬上来，亲手量一量。不能用什么'五千仞''高万丈''刺破天'之类的词汇，含糊地回答这个科学问题。"

珠穆朗玛峰到底有多高？19世纪中期以来，人们已经用各种各样的方法，先后测量了多次，得出了不同的数据，大致有8847.6米、8848.13米、8846.50米、8850米等多种说法。不同的测量者，使用不同的测量方法，得出的数据相差很大，因此，必须有一个权威的结论才行。总不能你说一套、我说一套，对这个世界之巅的"身高"各说一通呀！地球人连自己星球上的事情都弄不清楚，还怎么谈得上和外星人对话，向宇宙进军？

为什么过去有这么多的答案？抛开测量方法和精度不说，还有一个很重要的问题：珠穆朗玛峰的峰顶覆盖着厚厚的冰雪。如果仅仅从表面测量，测出的就是包含珠穆朗玛峰峰顶冰雪在内的高度，而不是冰雪下岩石的真实高度。

后来，五花八门的说法终于统一了。全世界一致认定，1975年我国公布的8848.13米的数据最权威，并共同使用了许多年。道理非常简单，因为珠穆朗玛峰大部分在我国境内，我国可以长期观测，仔细进行测量，所得到的结果当然最准确。

不过,对这个世界最高峰实际高度的测量,还需要更加精确。2005年5月,我国国家测绘部门使用更加先进的方法,重新测量出它的峰顶冰雪厚度是3.5米,冰雪下面的岩石高度是8844.43米。

珠穆朗玛峰这次的"身高"是怎么测量出来的?

2005年5月,我国国家测绘部门采用传统的三角测距法,观测峰顶的觇标,同时使用现代空间大地测量法,利用卫星导航的全球定位系统和测深雷达,来测量峰顶的覆雪厚度与雪面地形,经过仔细计算得出测量结果,测量误差只有0.21米。

2020年,最新公布的珠穆朗玛峰高度为8848.86米。

小知识

尽管珠穆朗玛峰是"世界第三极",全世界最高的地方,但是由于这里的地壳比较薄,它并不是距离地心最远的地方。距离地心最远的是位于南美洲厄瓜多尔的钦博拉索山。这座山海拔6310米,远远比不上珠穆朗玛峰。可是由于那里的地壳很厚,峰顶距离地心6384.1千米,因此是世界上最"厚"的地方。

冲刺冰穹A

征服南极冰盖最高点，脚踏南极大陆的"难极"

南极大陆的腹心静悄悄的，除了呼啸的风声，听不见任何别的声音。

南极大陆的腹心白茫茫的，除了无边无际的冰雪，没有一丁点儿别的颜色的东西。

南极大陆的腹心冷清清的，连一只偶然飞过的鸟儿也没有。作为南极大陆象征的企鹅，也消失得无影无踪。

整个南极大陆几乎完全被厚厚的冰层覆盖，平均厚度约2160米。如果把泰山、华山、恒山、嵩山和衡山这"五岳"都放进冰层里去，全会变成冰棍儿。这个又宽又厚的冰层，好像一顶扣在南极大陆"脑袋"上的"大帽子"，科学家把它取名为"冰盖"。冰盖是起伏不平的，其中穹形更为突出的就叫冰穹。人们给南极大陆内部的冰穹一一编号，距离周围海岸线最远的那个冰穹，就是冰穹A。

著名的冰穹A是南极大陆腹心冰盖的最高点，位于南纬80°22′00″，东经77°21′11″，海拔4093米。冰穹A虽然不是真正的地理南极，但是气候条件十分恶劣，被认为是"不可接近之极"。要知道，南极大陆的地理南极早已经有人到过，而这里却迟迟没有人类到访。

这里是被世界遗忘的王国，就让冰风在这里呼号，让雪花不停地飞舞，给这里增添一点儿生气。要不然，这里就真的成为孤独、寂寞和死亡的代名词了。

　　试问，世界上亿万人中谁会关心这里？更不用说冒着生命危险，漂重洋、过雪原，前来拜访了。

　　不，尽管这里非常闭塞，可还是有人惦记着它，希望能够冲破大自然设置的障碍，把它踏在自己的脚下。

　　勇敢的拜访者来了。

　　2004年12月，一支由13人组成的中国南极科学考察队从中山站踏着冰雪出发，经过1200多千米的长途跋涉，终于在2005年初到达这里。2005年1月18日下午3时多，考察队员张胜凯把一根标志杆插进冰穹的顶部，宣布登顶成功。这是人类首次确定南极内陆冰盖最高点的位置，同时以大无畏的勇气征服了它，这一历史时刻值得永远纪念。

改变历史 的 中国近现代科技　地质　水利　生命科学

往后的日子里，中国南极科学考察队又多次造访这里，同时在冰穹 A 西南方向约 7.3 千米、海拔 4087 米的地方，建立了中国南极昆仑站（简称"昆仑站"）。这是我国第一座南极内陆度夏考察站，在这里，我们就可以对冰穹 A 进行经常性的近距离观察研究了。

从 1980 年起，直到 2009 年，中国科学家已经数十次考察南极大陆，先后建立了长城站、中山站和昆仑站。2014 年，中国在南极建成第四座科学考察站——泰山站，可满足 20 人度夏考察与生活，是一座南极内陆考察的度夏站。这四座科学考察站自建立以来，取得了丰硕的科研成果。

改变历史 的 中国近现代科技

水利·能源

谁云中国无石油，玉门曾经照天烧，
慧眼识破老君庙。

南方丝路古邛州，火井故事谁不晓？
扬雄赋里火焰盛，孔明指点妙计高。

这油、这气说不尽，更有西江石壁凌波起，
峡谷坝前涌波涛。

戈壁滩上风车转，钱塘江畔核电站。

神州大地光明灿烂，请君试看今朝。

老君庙的回忆

摘掉"贫油国"的帽子

曾经，中国的石油主要从外国进口。外国专家说，中国是"贫油国"，根本没有石油，要石油，向我们买吧。

不行！我们非要找到石油不可。这个艰巨的任务责无旁贷地落在地质学家的身上。当时中国还戴着"贫油国"的帽子，掰着手指算，已知的石油矿只有陕北延长、新疆独山子、甘肃玉门等少数几个地方。由于当时的种种原因，人们只能把唯一的希望寄托在玉门这里。

1937 年的隆冬（或 1938 年初），地质学家孙健初一行骑着骆驼，冒着凛冽的风雪，一步步艰难地前进，来到祁连山下的玉门，在戈壁滩上寻找石油。他们深深明白自己肩负的重任，不找到石油誓不罢休。

功夫不负有心人，他们终于在一个名叫老君庙的荒滩上，发现了有开采价值的油苗。

老君庙是什么地方？它坐落在祁连山前一个荒凉的角落，之前连名字也没有。据说，曾经有人在这里淘金，为祈求神灵保佑，修了一座供奉太上老君的小庙，老君庙的名字就流传下来了。孙健初一行没有找到黄金，却找到了在当时比黄金更加重要的石油，难道也是太上老君保佑的吗？

　　不，他们靠的是敏锐的观察力、非凡的勇气，加上一颗诚挚的爱国之心，才能排除万难，在这样艰苦的环境里，发现这个至关重要的"爱国矿"。他们选定了钻井位置，很快就如愿钻出了石油。

　　玉门老君庙石油的发现，推翻了"中国贫油论"。

　　老君庙呀，老君庙，真该给它和爱国的地质学家颁发一枚军功章。

　　其实早在晋朝，人们就知道玉门一带有石油。当时的《博物志》记载，酒泉南边有一个火泉，人们常常看见一股火焰从中冒出来，像火炬一样熊熊燃烧。当地人把它叫作"石漆"。这其实就是溢出来的石油在自燃呀！

唐朝的《元和郡县图志》也说，玉门县东南一百八十里的地方，有一条石脂水，可以用火点燃，这也是石油啊！

老君庙油井是中国的第一口油井，也是后来玉门油田起步的地方。中国人依靠这口油井，摘掉了"贫油国"的帽子。

玉门油田在老君庙油井的基础上发展起来，成为当时中国最早的石油基地之一，不仅生产石油，也培育了无数石油工业的技术人员和工人。人们说，老君庙油井是玉门油田的起点，玉门油田是新中国石油工业的摇篮。玉门油田培育出的技术骨干像种子似的撒遍全国各个石油工业战线。著名诗人李季说："凡有石油处，就有玉门人。"这句话一点儿也没错。

小知识

孙健初（1897—1952），中国杰出的地质学家。他怀着"科学救国"的信念，第一个查明了今天内蒙古中部的地质情况，第一个穿越祁连山并发现许多矿产，第一个发现老君庙的石油。他是公认的我国石油地质学的奠基人。那时候的地质工作不仅非常艰苦，也非常危险，他常常一个人深入荒野考察，还曾经多次遇到土匪。残暴的土匪抓住他强行搜身，想不到他的身上除了几个干馒头，就只有一块块沉重的矿石，土匪只好骂几句，然后放了他。这样一位可敬的地质学家好不容易盼到中华人民共和国成立，可以大显身手，为人民贡献更大的力量，可惜刚刚55岁的他，竟在一个冬夜的睡梦中，由于煤气中毒而不幸逝世，告别了他热爱的地质事业。

来自大庆的秘密 "情报"

"北大荒" 苏醒了

20世纪60年代初，人们围着一张报纸，目光注视着一段新闻和一张照片。这段新闻说了什么，让他们这么感兴趣？

看吧，报纸上这段新闻说的是中国发现了石油，并介绍了一位名叫王进喜的石油工人。

发现石油就发现石油呗，有什么好感兴趣的？

原来，这不是一个普通的矿点，而是一个巨大的"油海"。有了这个"油海"，中国就可以丢掉石油工业落后的"帽子"，甚至一下子把它"丢到太平洋"。这个"油海"的位置在哪儿呢？它的储量、产量和生产能力又如何呢？

报纸上那张王进喜的照片就是最好的线索。

瞧吧，他头戴一顶毛茸茸的大皮帽，身穿一件厚实的大棉袄，身边雪花飘飘，衣服上也沾满了雪片。照片的背景是一片平原，没有一丁点儿山的影子。这个地方必定非常寒冷，但不是高寒的山区或高原。人们断定这里不是南方，不是华北，也不是西北。最后结论只有一个，这里必定就是黑龙江省的"北大荒"原野，

小知识

　　大庆油田的第一口油井松基三井，位于一个名叫高台子的小镇旁边。1959 年 9 月 26 日，这里首先喷油。现在这里建有纪念碑，留下传奇的事迹。

具体的位置就是松嫩平原中部。

猜对了，这个"油海"就在松嫩平原中部。它是在 1959 年，中华人民共和国诞辰十周年的前夕被发现的，所以被命名为大庆油田。

大庆油田是中国最大的油田。它的发现的确改变了中国的经济建设形势，把石油工业落后的"帽子"丢到了太平洋。中国著名的地质学家谢家荣到这里考察时就说，这里和华北的古近系、新近系或中生界地层里有石油。后来发现的大庆油田、大港油田、胜利油田等，都证实了他的判断。

以前人们认为石油仅仅产于海相地层，是由大量的海洋生物遗体聚集形成的，所以一些外国人给中国扣上了贫油的"帽子"。

中国地质学家黄汲清、李四光先后提出陆相沉积也可以生成大油田的观点。黄汲清和谢家荣还具体指导寻找石油的工作，是发现大庆油田的大功臣。

在久远的地质时期，许多生物遗体聚集在陆地上的湖泊、沼泽里，同样可以形成石油。事实证明，大庆油田的石油就储存在中生界陆相白垩系砂岩里。谢家荣不是早就说过，要注意中生界地层吗？

小知识

　　谢家荣（1898—1966），中国第一代地质学家。他也是一位教育家，培养了许多地质人才。从 20 世纪 20 年代开始，他走遍祖国大地，发现许多重要矿藏，特别是对石油和煤矿的发现有很大的贡献。他是当之无愧的大庆油田和中国石油的先行者。

　　王进喜（1923—1970），大庆油田的石油工人，著名的劳动模范。在一次油田万人誓师大会上，他喊出"宁肯少活二十年，拼命也要拿下大油田"的口号，带头在艰苦的环境下奋战，被人们称为"铁人"，树立了可敬的"铁人精神"。

古老的"气宝盆"

古有火井传四方，今有气田耀神州

四川自古就发现了天然气。秦汉时期，川西临邛（位于今天的邛崃）的气井，最早就用来熬盐炼铁。后来朝廷干脆在这里设置一个火井县。西晋的左思在《蜀都赋》里写道："火井沈荧于幽泉，高爓飞煽于天垂。"这句话十分生动地描述了这一景象。

瞧吧，火井之火源于地下深处的"幽泉"，高高冲起的火焰飞入天空，岂不是当时天然气燃烧的真实写照？

那时候，川西南的荣县和富顺一带也使用天然气熬盐。这一带属于今天的"盐都"自贡地区，它同样在古代科技史上留下使用天然气的名声。

四川的天然气仅仅藏在这两个角落吗？那才不见得呢！历史上四川的许多地方都发现过天然气。有的地方还发生过天然气泄漏事件，不明真相的人在古书上记载称"妖气外泄"，有的人说是"火龙升天"，认为这不是好事情。不管"妖气"还是"火龙"，统统是天然气活动的记录。地下的天然气多得堵也堵不住，从各种各样的缝隙和孔洞里冒出来，不熊熊燃烧起来才是怪事。

油和气常常一起出现，有石油的地方通常都有天然气，一些地方以石油为主，一些地方则以天然气为主。四川就是后一种情况，这里的天然气的储量比石油多得多。祖籍就是四川的黄汲清和其他老一辈的地质学家早就认为，四川盆地里的天然气非常丰富，一点儿也不亚于世界上的其他任

改变历史 的 中国近现代科技 地质 水利 生命科学

何地方。新一代的地质工作者经过详细踏勘，接连在四川盆地里发现一个个巨大的天然气田。这使四川盆地成为一个名副其实的"气宝盆"，简直就是一个"火井省"。

为什么四川盆地的天然气特别多？这和那里的地质历史有关系。别看今天的四川盆地僻处内陆，远离海洋，但在远古时期，这里是一片广阔的内海。海洋历史结束后，它又经历了一段漫长的湖泊岁月，无论海洋还是湖泊，都是生成石油、天然气的绝佳温床。这里堆积的海相和陆相岩层很厚，从几亿年前的古生界到几千万年前的中生界的岩层里，都蕴藏着丰富的油气资源。其中天然气特别多，说它是"气宝盆"，一点儿也没错。

2003 年发现的四川东北部的普光气田，是全国最大的海相整装气田，它的发现使世界吃了一惊。

　　我国西部地区有四大盆地：塔里木盆地、准噶尔盆地、柴达木盆地和四川盆地。它们和黄土高原上的陕甘宁地区，都蕴藏着丰富的天然气。东部沿海地区是使用天然气的"大户"，尽管当地也有天然气，却无法满足日益增长的需求。为了解决这种供需不平衡的问题，2002 年，"西气东输"工程正式开工。其中，一线工程从新疆塔里木盆地的轮南油气田出发，铺设大口径输气管道，向东经过河西走廊、关中平原，以及河南、安徽、江苏等省，直达东海之滨的上海。

这里还有一个"大三峡"

金沙江、雅砻江、大渡河，"三江"水力胜三峡

改变历史的中国近现代科技 地质 水利 生命科学

1998 年，有这样一条新闻报道：四川西南部的二滩水电站开始发电了。名不见经传的二滩，一夜之间名扬四方。

二滩在哪里？为什么叫这个名字？

有二滩，就有头滩，它们都是雅砻江上的险滩，要想顺流漂过去，真是千难万难。江边有一条羊肠小道，蜿蜒在峭壁和河床之间。抬头看，上面危石累累；低头看，脚下急流翻滚，令人心惊胆战。

雅砻江是金沙江的支流，在攀枝花附近与金沙江汇合。二滩水电站距离攀枝花 40 多千米，从前这里寸步难行，如今修通宽阔的公路，只消一小时就到攀枝花了。这儿距离凉山彝族自治州的首府西昌也不远，成昆铁路从二滩旁边通过，交通非常方便。

二滩水电站发的电，一部分供应大西南，一部分供应以上海为中心的长江三角洲，责任可大啦！

这儿只有这个水电站吗？

不，峡谷里的雅砻江，水流非常湍急，可以建坝的地方太多了，一下子说不完。经过仔细勘察研究，相关

小知识

雅砻江又名若水、打冲江、小金沙江，藏语称为尼亚曲，是"多鱼之水"的意思。听这个名字就知道，它的水产资源也很丰富呢。

部门制定了许多梯级水电站的开发规划，二滩水电站就是其中之一。此外还有锦屏一级、锦屏二级、官地、桐子林等梯级水电站。这些水电站如果全部建成，发电能力可以抵1.5个长江三峡水电站。说这儿的深山峡谷里藏着1.5个"大三峡"，一点儿也没错。人们习惯把金沙江、雅砻江、大渡河联系在一起，称之为"三江地带"。它们的水能资源都很丰富，都有同样的梯级开发计划，统统加起来，发电能力就更大了。

中国的水力发电资源非常丰富，在世界上也是排在前面的。

中国不同于俄罗斯。俄罗斯的平原约占全国总面积的70%，全国地形落差小，不适合修筑水电站。人们只好在伏尔加河中游的萨马拉附近，选择地势稍微有一些起伏的丘陵地带，修造一道大坝拦住河水，建成了古比雪夫水电站（建于苏联时期，当时萨马拉称古比雪夫）。

中国不同于美国。一条宽阔的密西西比河在美国境内从北流向南，和靠近东海岸的阿巴拉契亚山脉（也叫阿巴拉契亚高地）、靠近西海岸的落基山脉相互平行，组成一个巨大的"川"字。密西西比河水流虽然很大，却在平原上白白流淌，除了可供一艘艘轮船、一只只木筏通过，人们在这里找不到可以修建水电站的地方，只好在俄亥俄河的支流——田纳西河流域，修造了数十座水电站。

中国更加不同于埃及。埃及只有一条尼罗河，从南向北贯穿整个国家。人们毫无选择的余地，只在尼罗河上游的一个峡谷里，修造了纳赛尔水库来发电。

小学生都知道，咱们中国有世界上最雄伟的三大地形阶梯，从西南部的"世界屋脊"，再向北向东为高原和盆地（其中有很多高大山地），直到东部大平原和丘陵，一级级从西往东下降。谁都知道，无论长江还是黄河，都是"一江春水向东流"，滚滚滔滔流向东方。一条条东西向的河流，垂直切过南北向、东北—西南向的山地和高原，形成巨大的落差，生成优良的坝址，它们比萨马拉、田纳西州的条件不知优越多少。

明白这个大背景，大家就对中国水电事业的发展有所了解了。我们有充分的条件，所以应该综合考虑土地合理利用、环境保护、珍稀动植物保护、文物保护，以及其他各种各样的因素，选择最适合修建水电站的地点。

从前一些外国专家不明白中国的国情，都把目光聚焦在长江三峡这

小知识

锦屏水电站曾经拥有好几项"世界第一"的头衔，包括高 305 米的世界第一高拱坝、世界规模最大的水工隧洞等。

一个地点。殊不知中国可以建坝的地方多得是，可不止这一个选择呢！

　　长江三峡位于第二阶梯与第三阶梯过渡的地方，历史悠久，文物荟萃。这里许多古老的遗址和城镇，从几千年前的新石器时代，一直延续到近代，有着深厚的历史积淀。西部第一阶梯和第二阶梯过渡的地方，包括金沙江、雅砻江、大渡河"三江地带"，有许多优良的建坝地点可供选择。这些地方的河床落差更大、峡谷更深、水能资源更加丰富，加上这里居民稀少，被淹没的地方价值不高，也是修建水电站最好的选择。

　　雅砻江发源于青海玉树藏族自治州的巴颜喀拉山南麓，全长1571千米。当它由北向南奔流时，被高高的锦屏山阻挡，一下子拐了一个急弯，向东北流去，又转向南流，形成一个大拐弯。雅砻江大拐弯颈部最短距离仅仅17千米，长度却有150千米，上下水头落差高达310米，蕴藏着世界罕见的巨大水能资源。

骨碌转的风力发电场

套住黄风怪，变成小毛驴

电从哪儿来？

当然从发电站来呀！

你可知道，发电站用什么动力发电？你是否曾经想过，形形色色的发电站，有什么优点和缺点？

最传统的发电站是火力发电站，最早通过烧煤发电，有的还用石油发电。这样虽然最方便，可是大烟囱里冒出滚滚黑烟，煤灰满天飞，严重污染环境。再说，煤和石油都是有限的宝贵资源，一下子用完了怎么办？后世子孙会埋怨前人只顾自己眼前发电，也不为后代想一想，太自私了。

水力发电站用高高冲泻下来的水发电，不用煤，也不用石油，所以不

会弄得煤灰满天飞。不用说，这种方式好得多。可是修造一座拦水的大坝，会淹没许多土地和珍贵的文物古迹，人们也不得不搬家，鱼儿则不能洄游产卵，自由自在地游来游去，会造成许多不便。再说，河流也有生命，不能随意地被一段段斩断。

火力发电、水力发电都有一些缺点，还有更好的办法吗？

有呀！用风力发电吧。风儿在天空中呼啦啦地吹，有用不完的力气，好像无缰的野马到处跑。一些大风甚至会吹翻屋顶，拔起大树，造成许多麻烦。怎么不让它干一点儿正事，老老实实地为人们服务呢？把这匹"野马"套起来，让它也发电。

风力发电比火力发电、水力发电好得多，不会污染环境，也不会浪费资源，没有一丁点儿坏处。咱们中国有大风的地方很多，要好好利用起来，不能让天空中的这个"浪荡儿"，再由着性子到处蹿，不干一点儿正经事情了。

新疆达坂城是有名的"风城"。在蒙古语里，"达坂"就是"山口"的意思。一股股强劲的西北风穿过狭窄的山口，产生特殊的管道效应，大大提高了风力，形成了"三十里风区"，几乎整年不停地刮风。信不信由你，刮大风的时候，一些孩子得背着石头上学，不然会连人带书包被一起吹上天。

51

曾经，一列旅客列车经过这里，竟被大风掀翻了多节车厢。

不能让这么大的风再捣乱了。难道不能化害为利，让"风魔"为生产建设服务吗？于是人们在这里修建了一座风力发电场，让它"低头"给人们发电。达坂城风力发电场是我国目前最大的风力发电场，一排排巨大的风车高高耸立在从乌鲁木齐到吐鲁番的大路边，成为这儿的新景点。

辽阔的新疆大地，风大的地方多得是。中哈边境的阿拉山口，也是一个山口风区，也发生过吹翻列车车厢的事件。

唐代边塞诗人岑参，在南疆轮台走马川遇到大风，写了一首诗，其中的一句是："轮台九月风夜吼，一川碎石大如斗，随风满地石乱走。"

瞧，满河床里斗大的石头，也可以被风推动着到处乱滚，可见这里的风有多大。这么大的风必须好好利用起来，修建风力发电场才好。

内蒙古高原也是有名的风区。为了躲避西北风，高原上的一些村子常常藏在深沟里。既然高原上的风大，那么也是修建风力发电场的好地方。

在中国人手里，"浪荡不羁"的风终于变成老老实实的"小毛驴"。

小知识

　　海上的风很大，蕴藏着丰富的风能资源。2007年，距离陆地70千米的辽东湾的海上，建成了中国首座海上风力发电站，专门给渤海油气田供电。辽阔的中国海域是台风和东南季风的"故乡"，有的是适合发电的风能。目前，山东、广东、浙江等地的海上风力发电站项目也开始起步或投入运行，中国风力发电发展的前景无比广阔呢。

改变历史的中国近现代科技　地质　水利　生命科学

我们的秦山核电站

神秘的原子能，好像一个巨人

和平利用原子能，是世界人民的梦想，特别是中国人民的梦想。

中国人说干就干，一下子就修建了一座秦山核电站。

秦山是什么山，从前没有人听过。是不是鼎鼎大名的东岳泰山，被人不小心写错了名字？

哈哈！泰山是泰山，秦山是秦山，压根儿不是一座山。

秦山在哪儿？

"秦"是陕西省的简称，秦山是不是在陕西？

错啦！陕西在内陆腹心，这个秦山核电站在海边。

翻开地图仔细找，哪儿有什么秦山？这个神秘的秦山，是不是靠近秦皇岛？

不是的。秦皇岛在北方，秦山在南方，位于浙江海盐的秦山镇。

它叫秦山，所以那里当然有一座山。在内陆憋得太久，统一天下后，喜欢到处跑来跑去看大海的秦始皇，是不是来过秦山看东海、观钱塘潮就不知道了。没准儿秦山这个名字和秦皇岛一样，也是这样来的。

这个小小的山头原本是一座小岛，后来由于泥沙淤积，才和陆地连接在一起。旁边的一座白塔山海岛，在水中央和它隔水相望。这儿面对着杭州湾和东海，背靠着铁路和高速公路，交通非常方便。这里距离上海、杭州都不远，靠近华东电网枢纽和长江三角洲工业区，位置十分优良。选择在这里修建一座核电站，真是再好不过了。

秦山核电站一期工程于 1991 年 12 月开始并网发电，紧接着建立的二期工程和三期工程，也自 2002 年起投入运行，建设速度之快令世界震惊。

这是我国第一座自主研究、设计和建造的核电站，显示出我国的科学技术已经达到世界先进水平。

除了这座秦山核电站，我国建成的核电站还有广东大亚湾核电站、岭澳核电站，江苏连云港的田湾核电站等。其中大亚湾核电站、岭澳核电站都在深圳大亚湾内。

1994 年投入运行的大亚湾核电站，解决了香港的电力供应不足的问题。后来建成的岭澳核电站，就近为深圳、广州乃至整个珠江三角洲供电。

2007 年正式投入商业运营的田湾核电站输出的电力可以供应华东地区，弥补秦山核电站的供电缺口。

这就够了吗？

我国地域这么辽阔，只有这几座核电站还远远不够。

目前，辽宁瓦房店、四川宜宾、湖南华容和桃江、山东威海、广东阳

改变历史的中国近现代科技 地质 水利 生命科学

江等许多地方的核电站，有的已经投入运行，有的正在积极筹备。可以预见，一个完整的核电网必将覆盖整个神州大地。

　　原子能又称"核能"。原子核发生裂变或聚变的时候释放的巨大能量，可以通过一系列转化设备转变为电能。

　　核电站比传统的火电站、水电站先进得多，也更加符合环保要求。火电站烧煤，不仅太浪费能源，而且污染特别大。水电站虽然节约能源，没有污染，但是修造水电站要腰斩一条条河流，也会造成许多不好解决的问题。利用原子能的核电站就没有这些问题了。

❀ 一定要把淮河治理好

千年灾害河，恶名一旦消

黄河和淮河是一对"难兄难弟"，在黄淮平原上并排流淌。黄河长，是"大哥"；淮河短些，是"老弟"。人们有时候说它们的好话，有时候却少不了骂它们。

按理说，它们滋养着黄淮平原，为什么还会挨骂呢？

原因非常简单。以黄河来说吧，从前它常常泛滥和决堤，人们怕了，就摇头叹息："黄河是一个'坏孩子'。"

淮河也是一样的。它平时老老实实的，可一旦洪水泛滥，就会把大地变成一片汪洋，逼迫人们四处逃难。位于这条河中游南岸的安徽凤阳是明太祖朱元璋的家乡，当地流传着一首听了让人伤心的小调："说凤阳，道凤阳……十年倒有九年荒……"这十之八九就说的这回事。治理好淮河，是当地人祖祖辈辈的心愿。

中华人民共和国成立后，为了解除人民的痛苦，治理淮河成了头等大事。为此启动的治淮工程，中心思想就是"防洪"二字。这个工程不是在一个地方推进，而是遍及整个淮河流域。由此可见，设计这个工程的人多么有远见。只有这样做，才不是头疼医头，脚疼医脚，而是能够真正制服淮河这匹难驾驭的"野马"。

"治淮"一说，其实早就有了。俗话说"水来土掩"，意思是筑堤阻挡。从前"治淮"就是"水来土掩"。但挡住了这头，挡不住那头；挡住一时，挡不住永久。所以人们总也治不好这条野马一样的淮河。

不用说，为了防备洪水，沿岸的防洪堤肯定是要修造的。可是淮河和别的河流不同，除了上游的山区，广大的中游和下游平原到处是低洼的地形。别说洪水泛滥，哪怕接连多下几天雨，平地也会积水，成为一片泽国。据说，全国五大淡水湖之一的洪泽湖就是由于洪水淹没一些城镇后形成的，这是一个神奇的传说。

当时的水利学家吸取历史的教训，不单纯依靠"水来土掩"的老办法，而是经过全面考察，拟订了一个宏伟的规划。他们结合当地的实际情况，在上、中、下游一齐动手，修建了一系列蓄水、防洪和泄洪的工程，终于"降

57

伏"了这条千年"害河"，让它老老实实地为人们服务，大大减少了灾害的次数，破坏程度也减轻不少。淮河再也不会像从前那样，洪水泛滥成灾，凤阳人再也不会眼泪汪汪地唱那首令人伤心的小调了。

治理淮河的方针是上游以蓄为主，中游蓄泄兼施，下游以泄为主。

具体来说，淮河有许多支流，一些支流上建有水库，包括淠河的佛子岭水库、响洪甸水库、磨子潭水库，史河的梅山水库，灌河的鲇鱼山水库，浉河的南湾水库，汝河的宿鸭湖水库等。这些水库拦住了上游的洪水，减轻了淮河本身的负担，减少了下游被淹没的损失。

中、下游修建了多处行洪控制工程，同时还新开和扩宽、加深了许多排洪水道。

下游修筑新沂河、新沭河和苏北灌溉总渠等。这些河道可以直接引导洪水入海——尽快把洪水排进黄海。

小知识

淮河干流发源于河南南阳桐柏山主峰太白顶，向东流经河南、安徽、江苏等省，在江苏省流进地势低注的洪泽湖，再接着往前流，主流由三江营汇入长江，另一部分经苏北灌溉总渠最后流入黄海。

淮河干流分为上游、中游和下游，全长约1000千米。洪河口以上为上游，长360千米，水流比较湍急；洪河口以下至洪泽湖出口处的中渡为中游，长490千米；中渡以下至三江营为下游，长150千米。

洪泽湖是中国第四大淡水湖，湖底比附近的苏北平原高4~8米，是一个有名的"悬湖"，一旦决口，危害可想而知。人们用坚硬的玄武岩条石修砌了一道宽50米、长70.4千米（一说约67千米）的大堤，宛如水上长城，保护着下游平原的万顷良田和无数村镇。

荆江分洪的意义

荆江"豆腐腰"，洪水来了真糟糕

长江有一段"豆腐腰"。

这个"豆腐腰"在哪里？就是位于湖北和湖南之间、古荆州境内那弯弯曲曲的荆江呀！

这里地势低平，土质松软，河流很容易左右摆动，生成九曲回肠般的弯曲形态。这里江面很宽，水势很平缓，江水不慌不忙地流淌着，没有上游金沙江、川江的"急性子"，仿佛一个平静的梦境。

读一读唐代诗人卢纶的一首诗："云开远见汉阳城，犹是孤帆一日程。估客昼眠知浪静，舟人夜语觉潮生。"你就能体会到荆江上的江水流得多么缓慢，帆船走得多么从容。

这样温顺的荆江，充满诗情画意，怎么会被人皱着眉头叫作"豆腐腰"呢？

豆腐是软的，轻轻一碰就破。这里的河段也一样，禁不住洪水的考验。夏天，河床里装满滔滔的江水，很容易泛滥和决堤，淹没两边广阔的平原，造成千里水灾，所以人们叫它"豆腐腰"。

为什么荆江如此危险？

这就要从两岸的地势说起。荆江的南岸是洞庭湖平原，北岸是江汉平原。仔细看，两边的地势不一样，南岸比北岸高 5~7 米。别说洪水期的高水位，甚至在枯水位的时候，南岸有的河床也比北岸的地面高。例如位于荆江北

59

岸的荆州沙市区，在洪水期，江上来往的船只似乎在楼顶上驶过。这儿一旦决堤，江水就会咕噜噜直灌进来，想堵也堵不住。所以人们说"万里长江，险在荆江"，真是名副其实。

是呀，别瞧它平时老老实实的样子，发起脾气来可不得了。

翻开历史的书卷，里面记载的这里的水灾说也说不完。据历史记载，从明朝弘治十年（公元1497年）至清朝道光二十九年（公元1849年）的352年里，荆江大堤总共发生了34次堤防溃决，平均大约10年就有一次，真是多灾多难。所以当地民谣说："不惧荆州干戈起，只怕荆堤一梦终。"

在近代，荆江最大的一次水灾发生在1935年7月。据当时的《荆沙水灾写真》记载，洪水来得很快，荆州城外一下子就淹死了许多人。

瞧吧，这么大的水灾多么可怕。

为了人民生命财产安全，人们除了按照传统办法加固荆江大堤，还特别修建了分洪区和蓄洪区。当洪水严重的时候，打开闸门，把洪水引入蓄洪区，减轻江岸的压力；同时又把下荆江一些弯曲得太厉害的地方截弯取直，让洪水尽快通过；还计划在上游修建水库，拦住凶猛的洪水。其中，分洪和蓄洪工程是关键，所以叫作"荆江分洪"。

从前治理荆江洪水主要依靠修筑大堤。人们曾经大修荆江大堤，试图堵住洪水。可是洪水来势凶猛，有时候是堵不住的。

中华人民共和国成立后不久，当时的水利学家针对这里的实际情况，经过仔细研究，提出"疏""堵"结合的治理方法，主要工程包括沙市对岸上游15千米处的虎渡河太平口进洪闸、黄山头东麓节制闸和分洪区围堤等。这些治理方法立竿见影，解除了好几次特大洪水的威胁。

其实，荆江南边的洞庭湖也有分洪的作用。平时湖水流进荆江，当荆

改变历史的中国近现代科技 地质 水利 生命科学

江发洪水的时候，洪水会通过太平口、调弦口、藕池口、松滋口等南岸的"荆江四口"（调弦口1958年建闸堵闭，现为"荆江三口"）进入洞庭湖，减小荆江的水势。

　　荆江是长江中游的一段，从湖北枝城到湖南岳阳洞庭湖的出口城陵矶，南岸是洞庭湖平原，北岸是江汉平原。以藕池口为界，荆江分为上荆江和下荆江。上荆江是较稳定的微弯河道，长约164千米。下荆江是典型的蜿蜒河道，全长240千米，江水在这里绕了16个大弯，才形成真正的"九曲回肠"。由于河流的自然"摆动"，这里经常发生裁弯取直的事情，河流两边留下许多弯弯的牛轭湖。

新愚公移 "水"

高高太行山，清清红旗渠，
艰苦创业精神永流传

改变历史的中国近现代科技 地质 水利 生命科学

林州在哪儿？在河南省北部，太行山的山窝窝里。

唉，提起这个山窝窝，人们就不由得唉声叹气。这儿开门见山，到处是悬崖绝壁。不管什么方向，走来走去都碰壁。难怪古时候住在距离这儿不远的愚公，说什么也要带领众人移山。倘若你来到林州这个山窝窝，就会对愚公移山的故事深有体会。如果你生活在这里，说不定也会下决心移山。

移山谈何容易，大多数人只能说说而已。如果要"移水"，就不是办不到的事情了。当然啰，山水的布局都是大自然的安排，所以也得和大自然做一番斗争才行。

20 世纪 60 年代，林州人开始动手"移水"。

山窝窝里的愚公移山可以理解，可为什么要"移水"？是不是像愚公移山一样，把这里的水也搬走？

不是的，林州人"移水"，是把外地的水搬来。

哟，这可奇怪了，有山就有水嘛。来过这里的人们知道，这儿并不是干旱的沙漠，不是没有水。山谷里有的是清亮亮的溪流，崖壁上挂着高高飞洒的瀑布。人们忍不住会问，既然这儿有水，为什么还要从外地搬水来？

因为这里的水中看不中用呀！峡谷里的水太深，难以取用；崖壁上的瀑布胡乱飘洒，没法好好浇灌半山腰下的土地。没有水就没法种庄稼，这个道理再简单不过了。

当地没有合适的水源，得到外地寻找。找来找去，人们看上了北边山西平顺石城镇附近的一处地方。只要在那里筑坝截流，就可以把水引到林州。

这个设想似乎很简单，实行起来却很不简单。要知道，这里是太行山深处，到处是悬崖绝壁。一道道陡峭的石壁迎面耸立，有的地方连放半个脚掌的平地也没有，哪儿来的引水渠道呢？

没有引水渠道，就自己动手开辟吧！人们下定决心，要用愚公移山的精神，喝令大山让路，在这里"移水"。

红旗渠于 1960 年 2 月动工，人们逢山凿洞，遇沟架桥，削平 1250 座山头，架设 152 座渡槽，开凿 211 个隧洞，用了 10 年时间才完成。它的总干渠长 70.6 千米，有三条分支。渠底有 8 米宽，渠墙有 4.3 米高。有人计算，如果把动工开挖的所有的土石垒筑成一道高 2 米、宽 3 米的长墙，它可以从广州一直伸展到哈尔滨，好像一道新的"长城"。

小知识

　　林州有一座隆虑山，战国时期的韩国在这里设置了一个小小的城镇，取名临虑邑；西汉时期叫隆虑县；东汉时期为了避开皇帝刘隆的名讳，改称林虑县；南宋时期升级为林州；明朝改为林县。1994 年，撤销林县，改设林州市。

啊，修筑这条引水渠可真困难呀！人们怀着改天换地的决心，不依靠别人帮助，咬紧牙关，终于创造了这个奇迹。人们为了纪念修渠人艰苦创业的精神，把它取名为红旗渠。它从高高的崖壁上通过，是名副其实的"人造天河"。

红旗渠建成后，彻底改善了当地靠天等雨吃饭的状况。渠水可以灌溉 54 万亩（1 亩 ≈ 666.67 平方米）耕地，粮食亩产大大增加，因此红旗渠被林州人民称为"生命渠""幸福渠"。

宏伟的南水北调工程

北方"口渴"了，南方送水来

咱们中国实在太大了，东南西北的自然环境差别特别大，自古以来就是北旱南涝。看天气预报，北方常常闹旱灾，南方常常闹水灾。人们忍不住会想：唉，老天爷为啥老捣乱？要是能够把南方多余的雨水送到北方就好了。

这事儿能够办到吗？1962年，写这本书的老头儿写了一篇科幻小说《北方的云》，讲的是通过人工制造一个个低气压中心，调动渤海湾的海洋气流一步步越过北京，把雨云送到内蒙古高原上的克什克腾旗的沙漠，把那里变成一片丰硕的果园，预防未来袭击北京的沙尘暴。可那是科幻小说，我自己也不敢完全相信。人工控制天气的幻想，恐怕要等到未来才能实现，距离现在还早呢！

科幻小说里的事情暂时还不能办到，可还有别的办法能把南方的水送到北方吗？

可以呀！不能在天空中驱赶雨云，就在大地上"赶水"吧。水毕竟摸得着，比天上的云朵老实得多。

请问，怎么"赶水"？

其实我们的老祖宗早就"赶"过水了，有非常丰富的经验。沟通南北的大运河、北方的郑国渠、南方的都江堰，不都是"赶水"的工程吗？如果能够按照修筑大运河的方法，把南方多余的水调到北方去，就能实现祖祖辈辈的梦想。

这不是科幻小说，更不是望梅止渴，在我们这一代完全可以实现。中华人民共和国成立后，经过几十年的仔细考察和反复论证，一个宏伟的"南水北调"计划出现在世界的面前。

　　这个计划很清楚，就是调动丰富的长江水，接济"干渴"的北方，问题只是怎么实行罢了。万里长江那么长，从什么地方调水最好？

　　从长江下游调水吧，那里的水量最充足，沿着纵贯南北的大运河送水也最方便。

　　这样虽然很好，可以直接解除包括北京、天津在内的华北平原的"焦渴"，可是这只能照顾到东部，更加干旱的西北地区怎么办？干脆从长江上、中、下游三管齐下，规划出西线、中线和东线三大工程，为广大的北方供水。

　　"南水北调"西线工程从长江上游调水到黄河。在长江最上游的通天河，以及四川西部的长江支流雅砻江和大渡河上游，修筑一系列水坝，逐步把水位抬高，通过一条长长的引水隧洞，穿越长江和黄河的分水岭巴颜喀拉山，调水进入黄河上游。

　　中线工程从长江支流汉江上的丹江口水库引水，沿着伏牛山和太行山山前的平原开挖一条渠道，把水一直引到北京。

　　东线工程基本沿着京杭运河一级级提高水位，进入东平湖后分为两路，一路一直引水到天津，另一路向胶东地区供水。

　　这三个引水工程需要分期分批一步步完成。调动南方的水，解北方的"渴"不是梦想，让我们耐心等待吧！

漫话三峡工程

"更立西江石壁，截断巫山云雨，高峡出平湖。"

长江滚滚流出幽深的三峡，好像一匹无缰的野马，呼啸着、翻腾着，蕴藏着无穷的力量。有人看了想，这么巨大的能量白白浪费多么可惜，要是在这里修造一座大坝，拦住江水让它发电，该有多好啊！

为了实现这个梦想，中国科学家进行了反复争论和论证，最后，这个工程终于在1994年12月14日，在选定的坝址三斗坪正式开工。按照预定的计划，大坝修造分为三期工程，一步步建设完成。

这个工程叫长江三峡水利枢纽工程，由大坝、副坝、泄水建筑物、厂房和通航建筑物等组成，十分雄伟壮观。

有人问："这个工程建成后，怎么开发利用呢？"

发电呀！

这里有全世界最大的水电站——三峡水电站，电力可以供应半个中国。神女峰前发的电，沿着长江一直被输送到上海，带动长江三角洲工业的发展，该有多么浪漫啊！

防洪呀!

诗人杜甫描写三峡的形势:"众水会涪万,瞿塘争一门。"只要堵住这里,就能堵住长江上游的洪水。在洪水季节里,这个工程可以大大减轻长江中下游的负担,减轻或者消除水灾。

发展航运呀!

从前三峡里的滩险很多,流传着"青滩(也叫新滩)、泄滩不算滩,崆岭才是鬼门关"的说法,加上有名的滟滪堆等滩险,航行非常困难,古往今来不知吞没多少船只,夺去多少无辜的生命。三峡大坝建成后,水位大大提高,淹没了所有的滩险,加宽了水面航道。不用说,这不仅完全消除了滩险的威胁,大大提高了安全系数,而且方便船只来往航行。

发展旅游呀!

三峡大坝建成后,虽然水位抬高了,淹没了沿江许多地方,可是回水灌进两边大大小小的支流,使得深入两岸腹地的水上旅游路线开通,这必定会让人们发现许多未知的新景点。

三峡水利枢纽工程创造了许多当时的世界之最。

一、三峡水电站总装机容量 2250 万千瓦,年设计发电量 882 亿千瓦时,是世界上最大的水电站。

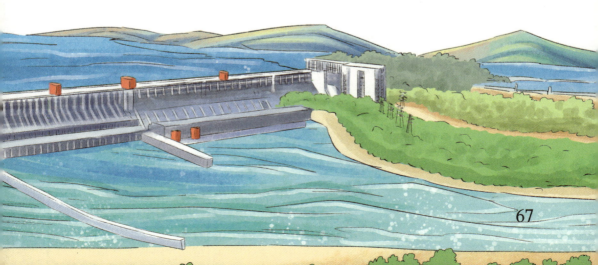

二、大坝轴线全长 2309.5 米，泄洪坝段前缘总长 483 米，无论单项还是总体，都是世界上建筑规模最大的水利工程。

三、工程主体建筑物土石方挖填量约 1.34 亿立方米，混凝土浇筑量 2794 万立方米，是世界上工程量最大的水利工程。

四、工程 2000 年混凝土浇筑量为 548.17 万立方米，月浇筑量最高达 55 万立方米，是世界上施工难度最大的水利工程。

五、工程截流量 9010 立方米每秒，施工导流最大洪峰流量 7.9 万立方米每秒，是世界上施工期流量最大的水利工程。

六、工程泄洪闸最大泄洪能力 10.25 万立方米每秒，是世界上泄洪能力最大的泄洪闸。

七、工程的双线五级船闸总水头 113 米，单级闸室有效尺寸长 280 米、宽 34 米、深 5 米，可以通过万吨级船队，是世界上级数最多、总水头最高、通过能力最大的内河船闸。

八、工程升船机（承船厢）有效尺寸为 120 米 × 18 米 × 3.5 米，最大提升高度 113 米，过船吨位 3000 吨，是世界上规模最大、难度最高的升船机。

九、三峡水库总库容量 393 亿立方米，防洪库容 221.5 亿立方米，能够有效控制长江上游洪水，保护中游荆江地区的安全。工程的防洪标准从不足十年一遇，提高到百年一遇，是世界上防洪效益最显著的水利工程。

十、三峡水库回水到重庆，改善了 660 千米的航道。重庆—宜昌段通航船队从以前的 3000 吨级，提高到万吨级。每年单向通航能力从 1000 万吨，提高到 5000 万吨。三峡水利枢纽工程是世界上航运效益最高的水利枢纽。

黄土高原上的水土保持

黄河一害全在沙，何时缚住"黄龙"，
洗却"害河"名声

唐代诗人刘禹锡吟唱道："九曲黄河万里沙，浪淘风簸自天涯。"他用豪迈的胸襟和笔法，在这首诗里描绘了黄河奔腾的气势，同时也透露出人们对黄河难以挥去的心病：滚滚滔滔奔流千里万里，为什么总也抹不掉一个"沙"字？

黄河之所以叫黄河，也和这个"沙"字分不开吧？

是啊，就是泥沙染黄了这条大河。

是啊，就是泥沙书写了黄河悲怆的千古水灾史。

人们说黄河是"害河"，其实黄河起初并无大害。后来黄河形成无数水灾，造成日益严重的水害，根本原因也是这个"沙"。

君不见，黄河泥沙堆积年年多，河床升高似悬河。它犹如一盆放不完的祸水，高悬于两岸的城镇和田野之上，岂不活脱脱像一把达摩克利斯之剑，仅仅被一根马鬃系在头顶上？

君不见，古来一幅幅沿河灾民流亡图。面对猛如虎的洪水，灾民

小知识

1919～1959 年黄河每年从中游带到下游的泥沙总量约 16 亿吨，其中 4 亿吨沉积在下游河道。截至 2018 年，累计治理水土流失面积 21.8 万平方千米，占水土流失面积的 48%。黄土高原植被覆盖度指数由 1999 年的 32% 增加到 2018 年的 63%。

69

改变历史的中国近现代科技 地质 水利 生命科学

扶老携幼，唯恐避之不及，恨不得多生两条腿，一口气逃得远远的。

悠悠千古，泥沙不除，此情不变，黄河将何以堪？此难题不解决，怎能洗刷干净"害河"的名声？

是啊，古来治河高手必定知道，治黄河，排除沉沙乃第一要务。所以玥朝的潘季驯治河先攻沙，犹如诸葛亮七擒孟获，攻心为上。成都武侯祠的一副对联明白昭示："能攻心则反侧自消，从古知兵非好战；不审势即宽严皆误，后来治蜀要深思。"联系到治沙问题上，这"攻心"就是抓主要矛盾，这"审势"就是把握黄河的基本形势。这事儿关系国计民生，千万不能"误"。

黄河泥沙何处来？来自中游黄土高原。

中国有四大高原，须知此高原有其独特之处。如此庞大巍峨的一个高原，是由松软黄土堆积起来的，怎能像"世界屋脊"青藏高原、一马平川的内蒙古高原、云雾山中的云贵高原那样坚不可摧？

自古以来，许多短视的人不知爱护黄土高原就是爱护黄河，肆意砍伐，将黄土高原的森林和草地变成一片难看的黄土。雨水冲刷光秃秃的黄土地后，裹挟大量泥沙使流经这里的河水也变得黄黄的，人们才叫它黄河。这也埋下了下游水害的祸根，带来无穷无尽的问题。

治理黄河必须从黄土高原开始。

治理黄土高原必须从控制水土流失、做好水土保持工作开始。这才是治理黄河的根本。

中华人民共和国成立后，黄河治理工作被放在更加广阔的视野里。我们的科学家抓住了根本矛盾——治河先治沙。在广大群众的支持下，黄土高原的水土保持工作立即展开。

黄土高原的水土保持工作分为工程措施和生物措施两方面：前者包括修筑梯田、蓄水涝池、拦水土坝等，后者包括植树造林、发展草皮、保护环境等。

你知道吗？要做好这件事，首先得做好科学宣传，让人人都明白，黄河中游的黄土高原多流失一撮泥土，下游就增添一分危机和不安定的因素。

你知道吗？要做好这件事，还得从政策着手。还耕造林、还牧造林，鼓励水土保持，禁止砍伐……有了正确的政策做保证，大家一起努力，不让一粒泥沙进沟下河，就会形成一派新风尚。

你知道吗？为了进行科学实验，黄土高原上设置了一座座水土保持工作站。科学家甘愿默默无闻地植根在山沟里，不羡慕大都市的繁华，不声不响地摸索出许多有效的水土保持的办法。

你知道吗？黄土高原正在悄悄变化。水不再猛冲、猛泄下来，泥沙不再无缘无故被冲走。一条条山沟、一面面山坡绿了，不再是"黄面孔"。几千年遗留的治理难题，几十年就已经取得显著成效，真了不起！

历史长河源远流长。在几千年面前，几十年算得了什么？

可是我们做到了，只用区区几十年，就扭转了黄土高原的水土流失局面，也改变了整个黄河的发展进程。

我们才刚刚开始，我们会继续坚持下去。我们有信心，持续做好黄土高原的水土保持工作，上不愧对祖先，下不愧对儿孙，恢复黄土高原绿原青青的原始面目。这就是历史赋予我们的时代使命。我们对历史宣誓："我们必将顺利完成！"

　　刘东生（1917—2008），著名地质学家。他领导开展的黄土高原的水土保持工作，取得很大成绩；他还深入研究中国黄土地层，发现250万年以来的古气候变化历史，被誉为"黄土之父"。

　　黄万里（1911—2001），清华大学教授，著名教育家，国际知名的水利学家。他主张认识和尊重自然规律，把因势利导作为治理江河的指导思想。最后在留给家人的遗嘱中，他接连说了几个"注意"，还念念不忘为治理黄河贡献自己的意见。

改变历史 的 中国近现代科技

生命科学·农业

医有济世术，
民以食为天，
生命第一何须言。
无论发展古来伤寒论，
抑或培育千斤水稻田，
全是说不尽的仁者仁爱心肠。
子曰之『仁』，
岂如今日新人新篇？

"天医星"叶天士

虚心，虚心，再虚心，好一个瘟疫的克星

清朝苏州有一位名医叫叶天士，关于他的成长故事，可以写上好几页。

叶天士出生在医学世家，他的爷爷和爸爸都是名医。他从小受家庭的熏陶，立志长大后做一位济世救人的好医生。

叶天士的成才，离不开认真学习。他记住孔老夫子的话，"三人行，必有我师焉"。不管什么人，只要比自己有本领，他都会恭恭敬敬前往请教。从名医到庙里的老和尚，甚至那些"久病成医"的老病人，他都虚心求教。这样日积月累，他的经验越来越丰富，终于成为名扬四方的医生。

相传，叶天士成了名医后，却没有一点儿架子。有一次，他的母亲病倒了，用了几服药也不见效，他心里非常着急。隔壁有一位没有名气的医生对他说："老夫人的病情虽然很重，但没有丧失元气，最好用一剂猛药白虎汤。"

改变历史的中国近现代科技 地质 水利 生命科学

叶天士按照那位医生的方法，果然治好了母亲的病，他非常佩服那位医生，逢人就介绍，终于使那位医生也成为名医。

有一次，他打听到山东有一位姓刘的针灸名医。为了学习医术，他放下架子，隐姓埋名去当这位针灸医生的学生。那位医生发现自己的学生竟是早已名震四方的叶天士，感动极了，就把自己所有的绝招全部传授给他。

还有一次，一个上京赶考的书生路过苏州，请叶天士看病。他说："我也没有别的什么不舒服，只是每天都觉得口渴得要命。"叶天士认为他得了严重的消渴病，也就是今天我们说的糖尿病，便劝他不要那么辛苦去赶考，如果不好好休养，不出百天就会没命。那个书生虽然心里很害怕，但是不愿意放弃这次考试，照旧硬着头皮北上。想不到过了一些日子，他居然没事儿似的回来了。叶天士非常惊奇，问他是怎么治好病的。书生告诉叶天士，当他走到镇江的时候，听说有一个老和尚能治这个病，就连忙去求医。老和尚安慰他说："别急，有病就有治病的办法。"老和尚叫他每天吃梨子，坚持一百天必有成效。书生按照他的办法每天吃梨子，果然一路平安无事，精神百倍地完成了考试。叶天士听说后，也打扮成穷人到庙里拜老和尚为

77

师。这样学习了很久，他的医术一天天长进。老和尚非常满意，对他说："你回去吧。凭你现在的本领，可以赛过江南的叶天士了。"叶天士这才跪下来，一五一十说明自己就是叶天士。老和尚感动得不知说什么才好。

叶天士就这样虚心学习，医术越来越高明。有一年，皇帝请道教张天师进京，张天师走到苏州忽然病倒了，病情十分严重，几乎要咽气。这可急坏了当地的官员，万一皇帝请的张天师死在这里，该怎么交差呀！弄不好，不仅保不住自己的乌纱帽，甚至连脑袋也会丢掉。大家商量一阵，只好请叶天士来看看。叶天士看了说："不用着急，先吃两服药吧。"

张天师吃了叶天士的药，病一下子就好了，临别的时候他拱手感谢："先生真是天医星下凡呀！"

叶天士最擅长的是治疗瘟疫。那时候瘟疫到处流行，夺去许多人的生命。叶天士立志主攻瘟疫，就是为了解决这个危害人们的可怕病魔。后来，叶天士耐心地在实践中进行研究，整理出许多新的治疗方法和药方，对治疗瘟疫起了很大的作用。

田埂里的鱼塘

风吹着甘蔗叶儿，哗啦啦响；
鱼游在水中央，拨拉满池塘

这儿是广东，这儿是珠江三角洲，这儿有一个乡村奇观。

这里真热啊！几乎整年都有一股股热风贴着地皮吹来，好像用这种方式告诉人们：这里即使不全都在热带，也是很热的地方。

这儿的乡下有什么值得一提的奇观？你自己来看看吧，这样你就会看到一个别处难以看见的景象。一个个四四方方的养鱼的池塘，塘边土埂上整整齐齐种满了桑树和果树，不仅和麦浪翻滚的北方原野不一样，也和长江两边的水稻田不同，显示出一派独特的风光。

这真是寻常的农村吗？是不是休闲度假的"农家乐"？

不，这不是特意修建的用来招徕游客的"农家乐"，而是真实的乡野风景。提到它的来历，要从当地的自然环境和历史说起。

珠江三角洲地势非常低洼，常常闹洪涝灾害，从前让人们伤透了脑筋。洪水淹没田地，人们瞧着真心疼。麻烦的是，这里地势太低了，水一时没法儿排出去。可总不能让它老是淹着，让人们什么事情也不能做呀！

于是，聪明的人们开始想，淹就淹吧，不能和老天爷对抗，干脆利用这些积水的洼地养鱼，这样就不用再发愁了。

这一招真妙！因势利导，把水"害"变成水"利"，一下子解决了难题。

洼地里养了鱼，难道就不种什么东西了吗？

不，聪明的农民有办法。当时，外国船只和外国商人只能在广州一个

79

对外开放的港口进出，和中国做生意。中国丝绸很有名，是一个出口的"大头"，外国人特别喜欢。

珠江三角洲的农民脑瓜很灵，他们索性把一个个洼地挖得更深，将挖起的泥土堆在四周，堆成一道道高高的塘埂。埂下的池塘养鱼，埂上种桑树，形成特殊的"桑基鱼塘"。这里虽然不能种别的庄稼，但是养鱼和种桑树也很好呀！

"桑基鱼塘"妙极了。用塘泥给桑树作肥料，种出桑叶养蚕，蚕粪又可以喂鱼，桑、蚕、鱼、泥之间互相依存，关系非常密切。这样不仅减少了环境污染，也形成了良性生产循环。珠江三角洲流行着一句谚语，"桑茂、蚕壮、鱼肥大，塘肥、基好、蚕茧多"，说的就是这个道理。

珠江三角洲的农民不是死脑筋，并没有只发展"桑基鱼塘"，而是根据不同情况，在塘埂上种果树、种花、种甘蔗，形成"果基鱼塘""花基鱼塘"和"蔗基鱼塘"。这些形形色色的生产模式，不仅使这里的乡村风光更加美丽多变，也带动农村经济更加多样化，编织起名副其实的锦绣珠江三角洲。

"杂交水稻之父" 袁隆平

 一粒大米救世界，简直就是"米菩萨"

俗话说，"民以食为天"。什么花里胡哨的道理都别讲，吃饱了才是硬道理。

世界上每个人都能吃饱吗？那可不见得。甭提灾荒、战争，以及各种各样自然和人为灾难的影响，仅仅以耕地越来越少、人口飞快增长的现状来说，粮食供应是不是跟得上，也是一个大问题。

"粮食危机"这个词儿，好像狰狞的妖魔，虎视眈眈地威胁着全人类。看一看遭受饥荒地区人们的照片吧，一个个饿得皮包骨头，真让人感到心酸。

粮食！粮食！人类呼吁救命的粮食！

粮食从哪里来？当然只能从土地中来。可是世界上可以耕种的土地只有那么多，随着城市和工业的发展，一个个城镇和工厂好像吹胀了的气球，面积飞快扩大，耕地就被压缩得越来越少了。以越来越少的耕地，养活越来越多的人口，的确是一个严肃的难题。

怎么办？在尽可能控制人口增长和保护耕地的前提下，只有想办法提

小知识

我国另一位农业科学家李登海，改良玉米品种，同样取得了巨大的成绩，被称为"中国紧凑型杂交玉米之父"。他和袁隆平合称为"南袁北李"，都受到人们的尊敬。

高粮食产量。

怎么提高粮食产量？吹牛皮是不行的。科学不是科幻小说，不相信吹牛皮似的豪言壮语。只有老老实实研究，才能达到目的。

我们的农业科学家袁隆平就是一个真正的老实人。他不声不响扎根在水稻田里，仔细探索水稻生长的秘密，终于解开谜底，培养出高产的种子。

这些高产的种子是从哪儿来的？他从改造品种入手，利用杂交水稻的办法，把我国水稻的亩产量一下子提高到超过 1000 千克，创造出奇迹。

他的成功引起全世界的欢呼，人们称赞他为"杂交水稻之父"。有人说他是"当代神农氏"和"米神"。还有人无限感激，说他和"救苦救难的观世音菩萨"一样，是名副其实的"米菩萨"。

袁隆平把中国的粮食问题解决了，可世界上还有许多饥饿的角落。他无私地到世界各地传授经验，帮助大家增产粮食，许多地方的人民都很感谢他。

联合国前粮食及农业组织专家马丁说了一段值得人们深思的话。这段话大致的意思是："没有中国的袁隆平，地球的格局早已被战争改变。是他的贡献，让人类避免了为争夺土地和粮食等生存条件而发起的至少20次大的，或者特大的局部战争。"

　　他这样说是有根据的，因为土地和粮食是人们的生存之本。翻开人类的历史，可以看到，由其引发的战争数也数不清。在当今土地和粮食问题日益突出的情况下，袁隆平的贡献一下子就缓解了矛盾，消除了一些潜在的战争危机。

　　哦，照这样说来，说他是"和平使者"，也没有什么不可以呀！

　　是啊，他的贡献已经远远超出国界，纷至沓来的荣誉雪片似的飞向他。甚至天空中的小行星队伍里，也有一颗亮灿灿的小行星被命名为"袁隆平星"。

　　面对这么多的荣誉，我们的袁隆平怎么样？

他还是他，一个踏踏实实、谦虚谨慎的科学家，依旧两脚踩着泥水，在水稻田里勤奋研究探索。他还想培育出更好的杂交品种，摸索出使产量更高的方法。

感谢你，袁隆平！感谢你，我们的"泥腿子"科学家！

小知识

　　杂交水稻是世界难题。因为水稻是雌雄同花的作物，通过自花授粉繁殖。如果要进行杂交，就必须避开雄花才行。但是一亩田里的稻株那么多，根本不可能去掉一朵朵雄花后，再进行杂交实验。

　　怎么办？这就需要培育出一种雄花不育的稻株，叫作雄性不育系，才能够和其他品种杂交。功夫不负有心人，袁隆平仔细研究比较各种各样的野生稻和栽培稻品种，终于发现了他所要寻找的品种。他从这里出发，一步步研制出产量很高的杂交水稻，最终成功地培育出籼型杂交水稻。

人工合成结晶牛胰岛素

试管里的生命，现实中的幻想

生命可以被"制造"吗？

哦，这简直是科幻小说的话题。一些科幻小说里就有"人造人"和各种"人造动物"，引出许多千奇百怪的故事，使人看得津津有味。

读了这些有趣的故事，人们禁不住会想：这是真的吗？这可能吗？如果真的可以制造出奇异的生命，那该有多妙呀！

科幻小说中描写的世界一般都是未来世界。在未来的世界里，人们真的能够随心所欲地制造各种各样的生命吗？

啊，谁能回答这样的问题？谁能把奇妙的幻想变成现实？

科幻小说是关于未来的预言书，没准儿在遥远的未来，这一切真的可以实现呢。可惜我们现在看不见，实在太遗憾。

不，朋友，别为这感到遗憾。饭得一口口吃，人造生命也得一步步来。请别为现在太"原始"而叹息，别为不能和"人造人"握手、和"人造动物"亲密接触而惋惜。蛋白质是主要的生命基础物质之一，因此人造生命的第一步是人工合成蛋白质。你可知道，我们的科学家早就攻下了这一关！

1965 年 9 月 17 日，中国科学家发布了一个惊人的消息，他们首次人工合成了结晶牛胰岛素。经过严格鉴定，它的结构、生物活力、理化性质、结晶形状都和天然的牛胰岛素完全一样。

牛胰岛素是什么东西？就是从牛胰腺里提取出的一种物质，可以用来治疗有关的疾病，也是研究生命现象的重要物质。

牛胰岛素是怎么合成的？有三个重要步骤。

先分别合成 A、B 两个肽链，再进行组合折叠，最后鉴定生物学活性和各种理化性质。这说起来太深奥，不过我们只要知道结果就行了。

这是人类有史以来第一个人工合成的蛋白质，是生命科学发展史上的一个重要里程碑。这也是实现"人造生命"的关键起点呀！

科幻小说里的幻想正在逐渐实现，人类已经开始揭开生命的奥秘，未来实现"人造生命"绝对不是梦想。

1955 年，一个英国人测定了牛胰岛素的一级结构，因而获得 1958 年诺贝尔化学奖。我国科学家完成的结晶牛胰岛素的合成，水平更高，可惜因为种种原因没有获得诺贝尔奖，实在太让人遗憾了。

小知识

　　人体内的十二指肠旁边有一条胰腺，里面散布着许多内分泌细胞团，叫胰岛。胰岛素就是胰岛分泌的一种蛋白质类激素。胰岛素可以降低血糖，调节脂肪和蛋白质代谢，可用于治疗糖尿病和其他消耗性疾病。如果自身的胰岛素不够，患者就要用药物补充。

人造小老鼠

稀奇真稀奇，生命种子也能制造呢

瞧，这儿有一只活泼的黑毛小老鼠，它周身毛茸茸的，机灵的大眼睛闪烁着，模样儿非常可爱。

这只小老鼠还有一个名字呢。因为它是一个小不点儿，所以叫"小小"。

老鼠有什么可爱的？除非它是米老鼠。

老鼠就是老鼠，老鼠过街亮相人人喊打。可它怎么像受人宠爱的小猫、小狗，还被专门取了一个名字？难道这个世界上有谁喜欢老鼠？

猜对啦，宠爱它的人可多呢。

谁会宠爱小老鼠？是不懂事的毛孩子，老糊涂的爷爷和奶奶，还是神经出了毛病的人？

统统不是的。信不信由你，宠爱它的人不是孩子，也不是老爷爷、老奶奶，而是一群穿白大褂的科学家。

科学家怎么会宠爱一只小老鼠？说来道理很简单，因为它是他们造出来的呀！

哇，想不到这是一只人造老鼠。

它是机器鼠吗？或者，这是一个离奇的童话？要不，就是天气太热了，我自己的脑袋发晕了。

不是的，它是千真万确的活老鼠，而不是新颖的玩具，也不是《哈利·波特》中的什么魔幻玩意儿。

"小小"被宠坏了，高高兴兴地跑来跑去，不知道害怕，也没有丝毫忧愁。

当然啰，它生活的地方是科学家的实验室，那里没有让它讨厌的猫。

"小小"是怎么造出来的？

是用铁皮，用绒布，还是用橡皮和塑料制造的？

不，再说一遍，它是一只活老鼠，不是玩具，也不是模型。活老鼠有血也有肉，怎么能用这些乱七八糟的东西瞎拼凑？

哦，越说越让人糊涂了。难道它是用一滴老鼠血、一块老鼠肉，加上魔术师的魔法制造的吗？

这话有一些沾边了，可是说得还不清楚。到底怎么一回事，可以问问制造它的科学家。

"小小"的个头这么小，它的辈分也小吗？

仔细看，它的确是一只小老鼠。看样子，它的年纪不大，当然是"小"老鼠。

信不信由你，它不仅是"老鼠孩子"，还是"老鼠爸爸"和"老鼠爷爷"呢。

咦，这是怎么一回事？

这只叫"小小"的黑毛小老鼠，不是老鼠爸爸和老鼠妈妈生的普通小老鼠。它的确是咱们的科学家制造的，但不是在工厂车间，而是在实验室的试管里制造的。

啊，想起来啦！生物学中有一个叫"克隆"的词儿，说的是一种特殊的仿造品。现在已经出现了克隆羊。如果人类的法律允许，出现科幻小说里的克隆人也不稀奇。这活蹦乱跳的"小小"，是不是一只克隆老鼠？

也不是的。要说它的来历，比克隆老鼠还稀奇。

这也不是，那也不是，到底是什么？原来它是用一种叫诱导多能干细胞（iPS细胞）的神秘细胞培育出来的。"诱导多能干细胞"这个名词实在太高深了，没法儿一下子说清楚。顾名思义，这是一种"干细胞"，使用特殊的"诱导"手法，产生奇妙的"多能"现象，就能够制造出一只鲜活的小老鼠。

这是一个非常了不起的发现，为生命科学打开了一扇神秘的大门。

"小小"就是这样一只用iPS细胞制造出来的小老鼠。

胚胎干细胞是人类修补身体器官的希望，可是它来源于人体本身，用自己身上的细胞随便制造"人"，会让社会伦理乱了套。比如从爸爸身上取一个细胞，制造一个孩子，这个孩子该叫他妈妈还是爸爸呢？

iPS细胞就不同了。它是用人工诱导的办法，使体细胞重新编程而形成的，具有和胚胎干细胞类似的多能特性。"小小"是用这种方法造出的第一个生命，当然是科学家宠爱的小明星。

这只叫"小小"的小老鼠到底是怎么造出来的？

咱们的科学家先把一只黑毛老鼠的皮肤细胞想办法变成iPS细胞，植入一只白鼠妈妈的身体里。一段时间后，"小小"就奇迹般诞生了。紧接着，科学家又接连制造了26个它的"弟弟"和"妹妹"，发展出一大群小老鼠。

为什么"小小"会成为"老鼠爸爸"和"老鼠爷爷"？

这是因为制造它的科学家不放心呀！以"小小"为代表的第一代人工

制造的老鼠很健康，它的后代会不会都健康呢？这就得认真观察了。

为了达到这个目的，科学家让"小小"和它的兄弟姊妹们与普通白鼠配种。这些老鼠一下子生下好几百只第二代和第三代小老鼠。"小小"就升级为"老鼠爸爸"和"老鼠爷爷"，儿孙满堂啦！

内蒙古大学实验动物研究中心曾经克隆出一些优质肉牛，2009年又克隆出一只绒山羊，打开了人造动物的大门。

图书在版编目（CIP）数据

改变历史的中国近现代科技. 地质　水利　生命科学 /
刘兴诗著；野作插画绘. -- 北京 ：人民邮电出版社，
2025. -- ISBN 978-7-115-65777-0

I. N092-49

中国国家版本馆 CIP 数据核字第 2025YB4084 号

◆ 著　　　刘兴诗
　　绘　　　野作插画
　　责任编辑　谢晓芳
　　责任印制　陈　犇
◆ 人民邮电出版社出版发行　　北京市丰台区成寿寺路 11 号
　　邮编　100164　电子邮件　315@ptpress.com.cn
　　网址　https://www.ptpress.com.cn
　　优奇仕印刷河北有限公司印刷
◆ 开本：700×1000　1/16
　　印张：5.75　　　　　　　　2025 年 8 月第 1 版
　　字数：68 千字　　　　　　　2025 年 8 月河北第 1 次印刷

定价：29.80 元

读者服务热线：(010)81055410　印装质量热线：(010)81055316
反盗版热线：(010)81055315